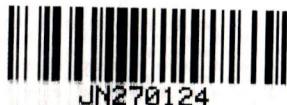

ラブラブ
パラダイスへ
ようこそ！

SUMIDA AQUARIUM OFFICIAL
PENGUIN PHOTO STORY

すみだ水族館公認 フォトストーリー

# 恋するペンギン

Penguin's
Sweet
Love
Story

ラブラブ
パラダイスへ
ようこそ！

# 恋するペンギン

## CONTENTS

# PROLOGUE 物語のはじめに

すみだ水族館にはたくさんの
マゼランペンギンが暮らしています。
とてつもない速さで泳いだと思ったら、
ぷかぷか浮いたり沈んだり。
仲間を追いかけまわすペンギン、
ごはんを待ってソワソワしていたり。
2羽のペンギンが寄り添って
首筋にチュッとしていたりもします。

そしてよーく見ていると
いくつかのカップルに気づきます。
目と目をじっと見つめながらクチバシを合わせて、
あれ、キスしているの、と思うような仲よしぶり。
首すじにチュッとしているのは羽づくろいといって
ペンギンたちの愛情表現のひとつなのだとか。

実はペンギンたち、人間と同じような恋をします。
少女から大人の女へと成長させる恋愛
三角関係に発展したハラハラドキドキな略奪愛、
結婚をしたら決して浮気はしない
純粋な夫婦愛もあります。

そんなペンギンたちのラブストーリーを
本にしました。
まさに ‘ストーリー’と言っていいほど
彼らの心の中は繊細で複雑。
知れば知るほど切なく、
ほのぼのとした気持ちになります。
では、すみだのペンギンたちの恋物語、
ご覧ください。

Episode
01

# いま、いちばんラブラブなカップル

# グレープ × ヨモギ

それはクリスマスイヴのこと。
グレープがヨモギの肩をそっと抱いていました。
あれ、いつの間に？
実はグレープの一途な想いがこの日、
実を結んだのでした。

ロマンチックなヤサ男

## 〔 グレープ 〕

♂ ●●

元気いっぱいの好青年。いままではあまり異性に興味がなかったけど、愛する女子を見つけました。愛情深い純粋な性格。

少女から美女へ変身中

## 〔 ヨモギ 〕

♀ ●

女友だちと遊ぶのが大好きな、夢見る少女ペンギン。でも、最近は大人の女になりつつあり、ぐんぐんキレイになっていると評判です。

ヨモギちゃん、
スキスキ、
大好きだよ！
んもう、みんなが
見てるわ、
恥ずかしいょ♥

始まりは
グレープの一方通行の
恋でした。

その日をグレープは今も忘れることができません。
いつものように
友だちとスイスイと泳いでいる朝のことでした。

「でねでね、きのうごはんをもらうときね、
ぴょーんてジャンプしちゃってね」
「もう、ほんとに食いしん坊なんだから」
少女たちが楽しそうにおしゃべりをしていました。

あれ、ヨモギちゃんだ、
なんだかいつもと違う…
どうしたのかな…
なんかキレイだな。

「ヨモギちゃん、こんにちは。
ボク、グレープだけど、知ってるよね？」
「あ、はい、こんにちは～」
ヨモギは突然近寄ってきたグレープに挨拶をしました。
でも、すぐにまた友だちとのおしゃべりに
戻ってしまいます。
女友だちといるほうがずっと楽しいのです。

グレープはヨモギが気になってしかたがありません。
ところが、いくら気を引こうとしても
ヨモギにその想いは伝わりません。
まだ恋をしたことのないヨモギは
グレープの気持ちに気づくことができないのです。

だったらゆっくりヨモギちゃんに近づこう、
いつかきっと気づいてくれるはずだから。

グレープはヨモギの住まいの近くに引っ越しました。
「ヨモギちゃん、ここに引っ越してきたんだ」
「あら、そうなんですか」
数日後、もう少し近くに移ることにしました。
「ヨモギちゃん、もっとご近所になったよ」
「ほんとですね。グレープさん、お隣同士ですね」
ヨモギの心にようやくグレープの存在が刻まれました。

私たち人間の世界でもクリスマスイヴは特別な日。
グレープにとっても特別でした。

「ヨモギちゃん、
きょうはクリスマスイヴだよ」
「クリスマスイヴって？」

「恋人たちがみんな
デートをする日なんだ」
「そうなんですか……
知りませんでした」

「だから、
きょう、
一緒にいようよ」

ヨモギはびっくりしましたが、
グレープはいつもやさしいし、
そう言われて、
自分の胸がドキドキしていることに気づきました。
「はい、一緒に過ごしましょう！」

あれからグレープとヨモギはいつも一緒。

グレープがヨモギの羽づくろいをして

愛情を表現すれば

ヨモギはグレープと同じ動きをして寄り添います。

今年のクリスマスイヴ、
プロポーズ
しちゃおうかなぁ
恋ってこんなに
ウキウキするもの
だったのね♥

## Episode 02

## おてんば娘がかわいい乙女に

# ポテチ × リンゴ

気が強くて負けず嫌いだったリンゴを
乙女に変えたのがポテチの愛。
今や「私が守ってあげるワ」なんて母性本能まで
発揮させています
いったいどんな男の子なの？

心やさしい食いしん坊

〔 ポテチ 〕

♂ ●●

怒っているみたいな目つきをしているけれど、心やさしく、好きな女の子にはいつもレディファースト。でも、とても食いしん坊で、ごはんの横取りの名手。

美人だけど手に負えない

〔 リンゴ 〕

♀ ●●

趣味はジャンプ。すみだでいちばん泳ぐのが速いうえ、性格も強いおてんば娘。ところが、年下のポテチと付き合ってからはキャラがずいぶん変わったと評判に。

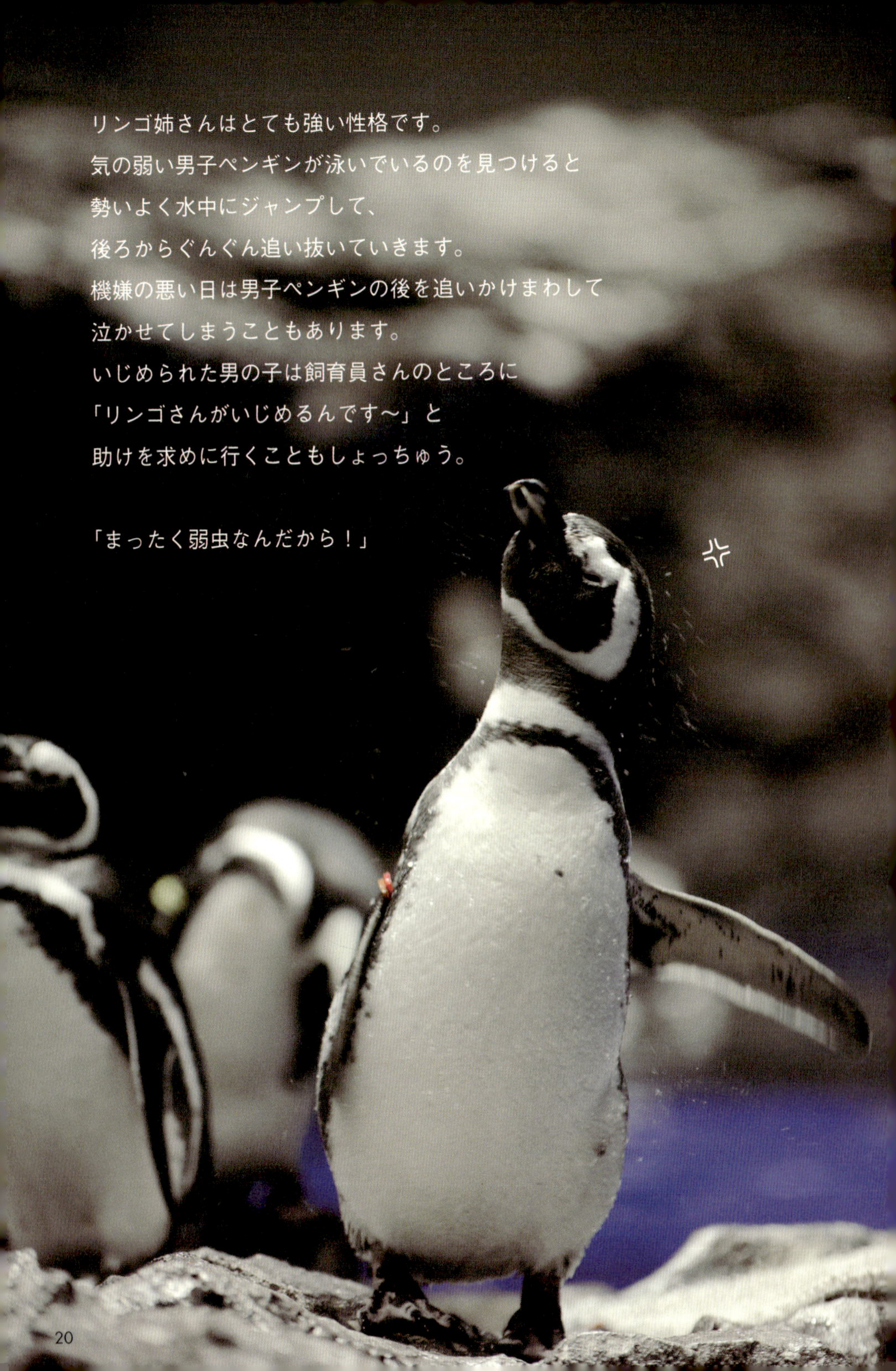

リンゴ姉さんはとても強い性格です。
気の弱い男子ペンギンが泳いでいるのを見つけると
勢いよく水中にジャンプして、
後ろからぐんぐん追い抜いていきます。
機嫌の悪い日は男子ペンギンの後を追いかけまわして
泣かせてしまうこともあります。
いじめられた男の子は飼育員さんのところに
「リンゴさんがいじめるんです～」と
助けを求めに行くこともしょっちゅう。

「まったく弱虫なんだから！」

ある日、地方の水族館から少年ペンギン、
「ポテチ」が引っ越してきました。
みんなが見つけられないものを集めたり、
水中で宝探し（実はごはんの食べ残しなのですが）をしたり、
一人で遊ぶのが大好きな
ちょっと変わったところのある男の子でした。

そんなポテチが恋をしました。
お相手はおてんば娘で知られるリンゴ姉さんです。
「あのぅ、リンゴさん、いつもかわいいですね……」
「は？ 何いってんの！」
相手にされていないことがヒシヒシと伝わってきて
ポテチはごはんがのどを通らなくなりました。
初めて経験する恋の病です。

リンゴはそんなポテチの気持ちを察しました。
「かわいいヤツじゃん」
以来、飼育員さんがふと気づくと、
ポテチとリンゴが一緒にいることが多くなりました。
ポテチがウキウキしてリンゴを笑わせ、
リンゴは少女みたいにキャッキャッと喜んでいます。
ときには甘えた声でポテチを呼んだりしています。

付き合ってるの
バレてるね
なんか、私たち
見られてる？

そして2年の歳月が流れ、
すっかり安定したカップルになった
ポテチとリンゴ。

寝るときも一緒です。

そろそろ
寝ましょ

スキだよ

おてんばキャラはすっかり影をひそめ、
山の手の奥さま風になったリンゴ。
ペンギンって変われば変わるものですね。

変われば
変わるもんだ

Column 1

知る人ぞ知るすみだの今どき話

# 男同士だけどいつも仲よし

## 〔アンズ〕×〔ゆず〕

「男同士のほうが緊張しなくていいよな！」なんて女子会ならぬ男子会で盛り上がる今どきのボーイズ。実はペンギン界も同じなんです。ゆずとアンズはどちらもオスですが、ほんとはカップルなんじゃないの？と疑いたくなるほどいつも一緒。ゆずはかつて、今はパインと付き合っているイチゴとラブラブだった時期がありました。それも3～4年の長きにわたって。なぜお別れしてアンズと仲よくしているのかは不明ですが、きっと男同士が気楽なのでしょう。ときどきこんなふうに声を揃えて鳴いたりもしています。二人ともイケメンだし、泳ぎも華麗だし、スタジアムを満員にする男性デュオみたい？

ボクらの歌は
いかがでしたか？
すみだボーイズ
でした～

**Story of**

# Penguin's Family

## 仲よしペンギン一家のお話

こんにちは！
ボク、
はっぴ、って
いいます。

ボクの家族を
紹介するね！

2014年にここ、
すみだ水族館で生まれました。
ちょうど1歳になったところ。
パパとママ、
お兄ちゃんとお姉ちゃん、
それにこの間、
弟か妹が生まれたんだ。
まだ男か女かわからないんだって。

PAPA

〔 カリン 〕

MAMA

〔 カクテル 〕

ボクのパパはカリン。

「結婚前は女の子にモテモテでね、

すみだイチのプレイボーイなんて言わていたんだ」って

よく自慢してるよ。

聞いたところによると、ススキさんという女性と

結婚まで考えたらしいんだけど、ママと出会って付き合ったら、

ママといちばん気が合ったって。

彼女以外に結婚相手はいないと思ったんだ。

カクテルっていう、おしゃれな名前の女性がママ。

結婚前はサワーさんという男性と付き合ってたらしいよ。

でも、パパからデートに誘われてお付き合いしてみたら、

すごく楽しかったって言ってた。

ママもすぐに結婚したくなったんだ。

BROTHER

〔 はなび 〕

SISTER

〔 まつり 〕

二人は3年前に結婚したんだよ。
パパもママもそれからはよそ見はしなくなった。さすがだよね。
でもこの間、お兄ちゃんが
「パパとママだけじゃない。ペンギンという動物は
結婚したら浮気はしないんだ」って言ってた。
本当にそうみたいだ。

で、パパとママはすぐに子どもを授かった。
それがお兄ちゃんのはなび、お姉ちゃんのまつり。
二人とも2歳。3日違いで生まれたんだよ。
「ほんとに、はなびくんはパパそっくり」
「あら、まつりちゃんはママに生き写しよ」って
近所のおばちゃんたちは言ってる。
どう、似てるかな？

その次の年に生まれたのがボク。

末っ子だから、かわいがって育てられたと思うでしょ。

でも、お兄ちゃんとお姉ちゃんはときどきボクを邪魔にするんだ。

「今は私たちの順番なんだから、あっちに行って！」なんて

仲間はずれにするから元気がなくなったんだよ。

でも、今はすっかりよくなった。

だって、兄弟が増えたから！

ごはん
まだですか～

これが今年生まれたボクの弟か妹。
ね、かわいいでしょ？

生まれたばかりのときは、
飼育員さんの手のひらに乗るぐらいの
大きさなんだ。色も黒いし。
それからだんだん、
ふわふわになっていくんだよ。

まだ赤ちゃんだからいつも寝てばっかり。
そのうちボクを追いかけてくるかな。
いろんなこと、教えてあげなきゃ。
お兄ちゃんたるもの、
そうあるべきでしょ？

来年はまた兄弟が増えてるかな。

だってパパとママは今もラブラブなんだよ。

寝るときはママを守るようにしてパパが寝るんだ。

卵だって交代で温めるんだよ。

「ご飯にいってきていいよ、

卵はボクが温めておくから」って言ってた。

やさしいよね。

ボクもオトナになったら、

ママみたいな人と結婚して、

パパみたいに家族を大切にする男になるんだ。

それがボクの夢なんだ！

ペンギン界にも
やっぱりありました。

二股、略奪愛、三角関係…
人間なみにドロドロしてる

# ペンギン
# 昼メロ劇場

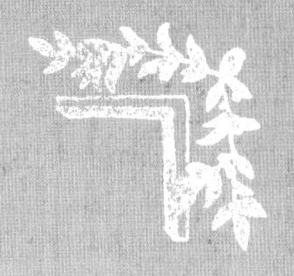

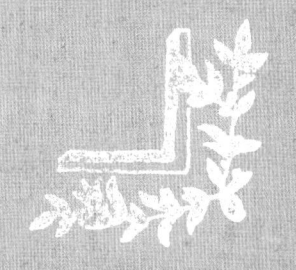

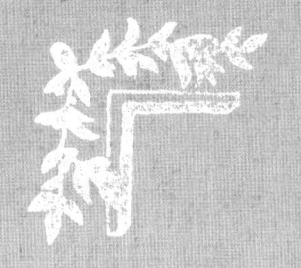

**Cast of**

# ペンギン昼メロ劇場

**舞台はすみだ水族館。登場人物は6ペンギン。複雑に絡み合った関係を図解します。**

ローズ ♂

気が多くて、好きになるとストレートに言い寄る肉食男。この女好きがペンギン関係をより複雑にしていきます。

♥ 恋人

わらび ♀

すみだイチのモテガール。美人というわけではないけれど、言い寄られたこと数知れず。二股歴もある魔性の女。

♥ 片思い

バジル ♂

わらびを想い続けているものの、草食男子ゆえ愛情表現ができずに眺めるだけ。魔性の女に翻弄される予感。

何度も失恋を経験し、酸いも甘いも噛み分ける大人の女。ローズに強引に迫られて付き合い始めたものの……。

破局

恋人

攻撃

攻撃

破局

外国生まれで、情熱的に女性を愛するラテン系オレさまペンギン。平和なすみだワールドに波瀾を巻き起こす、やっかいなヤツ。

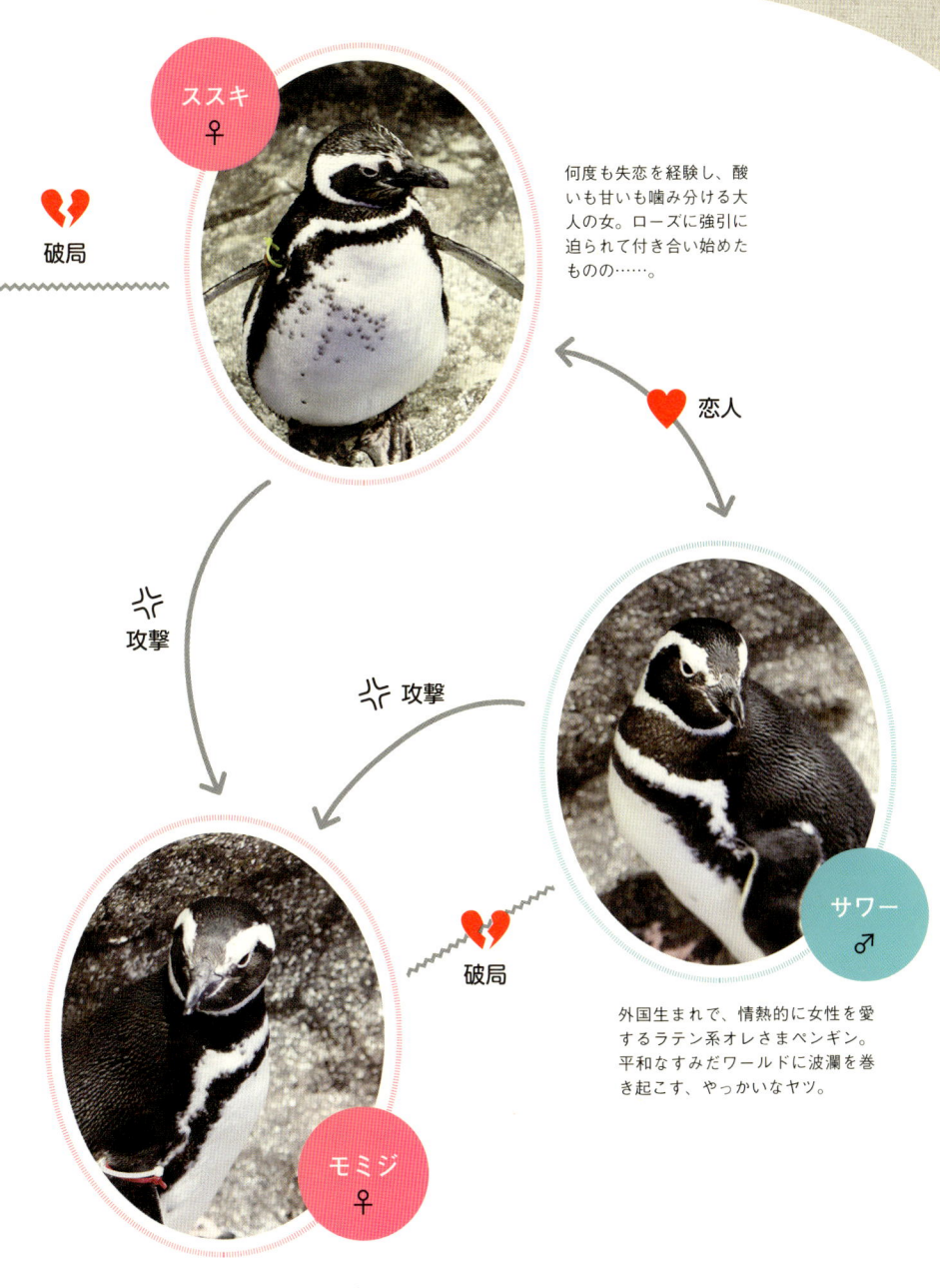

男性の一歩後を静かについていくような大和撫子。お嫁さんにしたいペンギンNo.1になってもいいほど、やさしく尽くす女。

## 第1話

# ローズの大胆二股愛

「ボクと付き合ってください、お願いします！」
そう言って片手を出すものの
「ごめんなさい……」
と女子からお断りされてばかりのローズ。
見た目が悪いわけでもなく、明るく気もいいのに、
生まれてこのかた、モテた経験なんてありません。
「なんでダメなんだよ、おかしいよな」
ローズは気づいていませんが、誰にでも言い寄る軽い男だと
女子から陰口を叩かれているのです。
自覚がないから冷たい仕打ちにもメゲることなく、
肉食ぶりを発揮する日々。

ススキ
×

ローズ
×

わらび

そんなローズに唯一、
「よろしくお願いします！」
と手を握り返したのがススキでした。
ススキ自身も何度か失恋を経験してツライ思いをしただけに、
ローズの強い心臓が魅力的に映ったのでした。
「ススキちゃん、ボクの運命のペンギンはキミだったんだね」
「ローズくんったら、本当に調子がいいんだからぁ」
そのラブラブぶりに目を見張るご近所さんもなんのその。
羽づくろいをしたり愛を確かめ合った二人は
ゴールインするのかと思われていた、そんなときのことです。

「ローズくーん、こんにちは。何をしているの？」
ほほ笑みをたたえながらローズの家にやって来たのはわらび、
すみだナンバー１のモテモテガールです。
「わ、わ、わらびちゃん。何もしてないよ、
ちょっと考えごとをしてたんだ」
「ススキちゃんのこと、考えてたんでしょう」
ススキが出かけているのを狙って来ていることに、
ローズが気づくはずもありません。
「えっ、そそそ、そういうわけじゃないんだけど」
わらびはススキと仲よくしているローズが妙に男らしく見え、
ちょっかいを出しにきたのです。
女好きのローズが、そんなわらびを追い返すはずもありません。
ススキがいないのをいいことに、
からだが触れ合うところまで
近づいていきます。
翌日も、その翌日も
わらびはローズのところにやってきて、
男がメロメロになっていくのを
満足気に眺めています。

「なんだか、最近ローズくんの様子がおかしい……」
ローズの浮かれっぷりは傍目にも明らか。
ススキが気づかないはずはありません。
そこで泳ぎに出かけたふりをして、
ススキは遠くからローズを見張っていました。
すると、いつものようにわらびがやってきて、
あろうことか、愛を交わしているではありませんか！
「ちょっとおおおおおおおお！」
ススキは血相を変え、大きな声で鳴きながら
家までの階段を駆け上っていったのでした。

## 第2話

# わらびを想い続ける男の涙

ローズ

×

わらび

×

バジル

わらびがローズに近づいていく様子を、
陰からじっと見ていた男子がいます。
気弱でなかなか自分の気持ちを伝えることができないバジルです。
「わらびちゃん、これ、つまらないものだけど、プレゼント」
マイホームを作るための藁を何本も贈ってやる気をアピールし、
ライバルたちとわらび争奪戦を繰り広げましたが、
残念ながら勝利には至らず。
魔性の女、わらびはちょっと気を持たせただけで、
気弱なバジルのものにはなりません。
というのも、バジルは人間が近くに来ただけで
逃げ出してしまうような臆病者。
「ひゃあ！ 大変だ〜」
女の子とデートをしているときも、
彼女を置きざりにして駆け出していってしまうのです。
強い男が好きなわらびにとって、
バジルはまったくタイプではありません。
「あんな女好きのローズの、どこがいいんだよ。
わらびちゃんもわらびちゃんだよ」
自分にない男らしさに惚れたこと、
もちろんバジルは気がついていません。
そしてきょうもふっきれず、わらびが忘れられず、
プレゼントの藁を集めているのです。

## 第3話

# ススキの失恋の痛みを癒す
# ラテン系ダテ男

一方、ローズを奪われたススキも落ち込んでいました。
食欲もなく、いつものように泳ぐことも、
甘えた声で鳴くこともありません。
そんな元気のない様子を目にして、
声をかけずにはいられない男がいました。
「ススキちゃん、一緒に泳がない？」
「もうすぐごはんの時間だよ。ボクと食べに行こうよ」
外国で生まれてすみだ水族館にやってきた、
ダテ男のサワーです。
ナルシストでわがまま、
女性はみんな自分に惚れて当然だと思っているオレさま男。
元気のない女性を見て見ぬふりをするなんてとてもできません。
「サワーさん、ありがとう。じゃあ一緒に行こうかな」
〈いつまでもローズを想っていても、もうどうにもならないわよね。
それに魔性の女に翻弄されて私のところに戻ってきても、
今度はこっちからお断りだわ。
二度と許してなんかあげないんだから！〉。
時間とともに、ススキの心も癒えていきました。

ススキ × サワー × モミジ

「♪キミに会うため、ボクは日本に来たんだ〜♪」
ススキが初めてではなく、女と見れば歌まで歌うオレさま男。
この間まではモミジというおしとやかな女の子にも
同じことを言っていたのです。
モミジこそ、たまったものではありません。
幸せな日々は永遠に続くと思っていたのに、
目の前でほかの女に甘い言葉をささやいているのですから。
「サワーさん、もう私のこと、嫌いになったの？」
そんなモミジがサワーはだんだん面倒になってきました。
それを感じ取ったススキは思わずカッとなって叫びます。
「彼に言い寄るのはやめてちょうだい！」
「で、でも……」
「モミジ、お前とはもう終わりだ。別れてくれ」
「そ、そんな……」
「サワーさんがそう言っているんだから、
さっさと引っ込みなさいよっ!!」
ぐずぐずしているモミジを、サワーとススキが揃って攻撃を始めました。
バンバンと叩いたり、岩から突き落したり。
怪我をしたモミジはしばらく入院という事態に。
「まったく大げさなんだから。困ったものよね」

オレさまペンギンだったサワーはススキと暮らし始めてから
すっかりやさしい男に変身しました。
二人の家をしっかり守るかいがいしい主夫のよう。
ススキはシアワセいっぱい、ますますサワーが好きになりました。

きょうもすみだ水族館のペンギン劇場では、
愛憎劇が繰り広げられています。
バジルの一発逆転はあるのか、
モミジは新しい恋を始められるのか？
第４話は間もなく始まります。

To Be Continued...

Column 2

## 知る人ぞ知るすみだの切ない話

# どうして人間に恋しちゃいけないの？

〔まつり〕

人間を怖がったり、興味津々で近づいてきたり、ペンギンの個性はさまざま。でも、まつりのような少女は見たことがない、とベテラン飼育員さんはいいます。まつりは人間の男性に恋をしてしまったのです。その男性は中原祥貴さん。イケメン飼育員さんです。彼が「まつり〜！」と呼ぶとキュウーンと甘い声を出して一目散に駆け出していきます。まるで恋人に会いにいくみたいに。そして中原さんのことをくちばしでツンツンとつつきます。愛情表現のひとつ、羽づくろいのつもりなのですね。まつりは自分が人間だと思っているのか、それとも中原さんがペンギンに見えるのでしょうか？いつかは大人になって男性ペンギンと恋に落ち、まつりによく似たかわいい赤ちゃんができますように。

中原さんに甘える〔まつり〕。「大人になったら彼のお嫁さんになるの〜」

Episode 03

# 不思議ちゃんをこよなく愛す熱い男

## パイン × イチゴ

あまりに突拍子もない行動をするので、
みんなから“不思議ちゃん”と呼ばれているイチゴ。
奔放で自由な女を愛してやまない情熱的なパイン。
このカップルのユニークな愛の表現を見てみましょう。

盲目的な愛を貫く

### [パイン]

♂

好きになったらとにかく献身的な“尽くすクン”。昔は人間を怖がるビビリでしたが、イチゴと付き合ってすっかり大人になりました。

ゴーイングマイウェイな

### [イチゴ]

♀

あれー、またヘンなことをしている、と飼育員さんも驚く不思議キャラ。半身浴をしながらボーッしている姿が有名です。

イチゴちゃん、
何しているの？
〔パイン〕♂
私？
半身浴してるの
〔イチゴ〕♀

プールの浅瀬でからだの半分を水につけ、じーっとしているイチゴ。
ほかのペンギンはそんなことをしないのに、
いつもこの格好でもの思いにふけっています。
「イチゴちゃーん！ そろそろおうちに帰ろうよ。
ボク、イチゴちゃんと一緒に寝たいんだよぉ。早く帰ろう、早く！」
といつもお迎えにくるのがパイン。
二人は付き合ってそろそろ2年になります。

その昔、パインは飼育員さんの姿を見ると
サーッと逃げてしまうビビリでした。
もっと男らしくならないと
女の子にモテないよ、などと
心配されていたのですが、
ふと気づくと、パインは
イチゴのそばにいることが
多くなっていました。

「イチゴちゃん、よくプールの浅いところにいるよね。
何してるの？」
「……半身浴よ、とっても楽しいんだから！」
「ふーん、じゃあ、ボクもやってみようかな」
それまでは半身浴なんてまったく興味がなかったパイン。
水に浸かってボーッとしているなんて
退屈以外の何ものでもないと思いつつ、
イチゴの気を引くために付き合います。
「パインくん、こうやって足を水につけていると気持ちいいでしょ」
「もう、気持ちいいなんてもんじゃないよ。
なんでボク、もっと早くやらなかったんだろうな」

イチゴは水に顔だけつけて、
何かを探しているような姿をよくします。
いったい何を探しているのか、
よくよく見ても特に目的はなさそうです。
ごはんの時間が終わると、水族館に来ているお客さんに
「私、いま、ごはんを食べましたよ！」と報告に行きます。
これもまた不思議な行動。
「そこがかわいいところなんだよ。
もう、こんなピュアな子、彼女が初めてさ」
質問されたわけでもないのに、
パインはまじめな顔で友だちにそう話しています。

さて、イチゴと一緒に寝たいと甘い声で
迎えにきていたパイン。
どんな夜を迎えているのかのぞいてみると……
なんと、パインの上にイチゴが乗ってスヤスヤしていました。
パインは愛の重さをヒシヒシと感じながら、
イチゴの夢を見ているのでしょうね。

Episode
04

## 好奇心旺盛な彼氏にやきもち

# マロン × バナナ

好奇心が旺盛で、人間が大大大好き、飼育員さんに
もっと遊びたいよ～とちょっかいを出してくるマロン。
お客さんにも愛想をふりまく人気者ですが、
彼女のバナナはそれなりに悩みも多いようで…。

あまりに心が広すぎる

### [マロン]

♂ ●●

バナナと付き合って2年ほど。以前は男の子のペンギンに興味津々だったから、もしや…と疑われたことも。好奇心旺盛な性格は災いを招く？

キュートで女の子らしい

### [バナナ]

♀ ○●

小さくてふっくらした体型、性格もかわいらしいと評判。ボーイフレンドのマロンが大好きだけど、あまりに自由な行動をされてスネちゃうことも。

## みなさん、私の彼氏の話を聞いてください

私の彼氏はマロンっていうんです。
付き合って2年ぐらいになるかな。
とっても素敵なペンギンなんだけど、イライラさせられちゃうことも。
だって、マロンくん、私のことを放ったらかしにして
飼育員さんやお客さんたちのところに遊びに行って、
なかなか帰ってこないんです。
「ボクは人間が大好きなんだ！」っていうの。
それにやっと私のところに帰ってきたと思ったら、
「ふぁ〜」って大あくび。失礼だと思いませんか？

マロンくん、
きょうは
勇気を出して
言っちゃうわ
えっ、何？

人間が大好きだって
言ってたけど、
私より好きなの？
えっ……
そ、そんなこと
ないよ

私のほうが
好き？
もちろん、
決まってるよ、
そんなこと

ホントはあんまり怒りたくないんだけど、
たまには私の気持ちもちゃんと伝えておかなきゃね。

ふふっ、マロンくん、反省してくれたみたい。
「機嫌直してよ〜」って言うから許してあげた。
やっぱり素敵な彼氏だわ。
あれ、なんか自慢話みたいになっちゃった？

ペンギンたちが
キューピット！

# すみだ水族館は
# 恋のパラダイス

ペンギンが見守る

# 私たちの恋と結婚

ペンギンたちが愛を育むすみだ水族館は、
私たち人間にとっても恋のパワースポットです。
ここでデートする人たちは年々増えていて、
ストレートなペンギンたちの愛情表現に刺激されるからか、
プールを仲よく泳ぐ姿がうらやましく見えるからか、
恋人たちの手と手はずっとつながれたまま。
ときには水族館を借り切ってプロポーズ、
なんていう素敵なサプライズも行われています。
幸せそうな二人を祝福するように近づいてくるペンギンたち。
「いつまでもお幸せにね！」
「この人と決めたらよそ見しちゃだめだよ」
そんな声をかけてゆっくりと泳いでいくのです。

夜の水族館は大人たちのための場所。
ペンギンカフェでは
「ブルーナイトカクテル」をどうぞ。
青く光る氷型キューブが入った
ほろ苦くて甘い柑橘カクテルです。
ロマンチックなお酒を手に
ペンギンたちを眺めれば
二人の時間もゆっくり過ぎていきます。
昼間とはちょっと違うすみだ水族館の夜の顔、
ぜひ見にきてください。

## PROJECTION MAPPING

# 映像と音楽で楽しむ
# 幻想的な時間

すみだ水族館には、ここだけしかない特別なプログラムがあります。
ペンギンプールをカラフルな光で満たす、
プロジェクションマッピングです。
美しい光や映像が現れては消える、そんな演出に合わせて
さまざまな音楽が流れ、一瞬にしてプールが幻想的な空間に。
ペンギンたちはプールの中をハイスピードで泳いだり、
プールの底に映し出された光をつついたり。
実は人間だけが楽しむのではなく、ペンギンたちの本能を呼びさまし、
好奇心を刺激する彼らのためのプログラムでもあるのです。

PROJECTION MAPPING
の開催時間など細かい内容は、
すみだ水族館のホームページ
で確認してください。

Interview

# 恋を見守る飼育員さん

出会いも恋の成就も失恋も、
遠くからそっと見守っている飼育員さんがいます。
ペンギンたちはどんな存在ですか？

恋で強くなったり
しょんぼりしたり、
愛おしいです。
小貫さん

「すみだ水族館にはたくさんのペンギンがいますが、表情も性格もみんな違っていて個性的です。そんなペンギンたちが大好きだし、日々接することができてとても楽しいです！」

ペンギンの恋話をいちばん熱心にしてくれたのが小貫さんでした。

「人間と同じように悩んだり喜んだりするんです。あ、いまこの子はあの子に恋をしているな、あの子はフラれちゃって元気がないな、といったことにすぐ気づきます。飼育員同士でもよくそんな話をするんですよ」

恋にもそれぞれ個性があるのだとか。

「それまでは頼りなかったのに、誰かと付き合って強くなっていく子もいます。反対に恋に悩んで悩んで、弱々しくなってしまう子もいたり。ペンギンってとても興味深い動物なんですよ」

ペンギンたちからも信頼され、膝の上にちょこんと乗られることも。ペンギンもちょっと自慢気に見えます。

ペンギンやオットセイ、ウミガメを担当する飼育員さんで、獣医さんでもある田中さん。

「大学生の頃、水族館の獣医になりたいなと思い始めたんです。卒業前にちょうどこの水族館が開館することになり、ラッキーにも夢がかないました」

ペンギンたちの健康チェックや、ケガをしたときの手当、赤ちゃんのお世話など毎日大忙し。

「この仕事に就くまでは、ペンギンはみんな同じに見えました。でも、接するうちにみんな顔も違うし、性格も個性も違うことがわかってきました。今は顔を見るだけで、何を考えているのか、わかるようになりました。館内でお客さんとお話をする機会が多いのですが、なるべくペンギンそれぞれの個性をお伝えするようにしています。そうすると、みなさんよりペンギンに興味を持ってくれるんです。それがうれしいです！」

顔を見ただけで
ペンギンたちの気持ち、
わかります。
田中さん

# 飼育員さんも大忙し、ペンギンの食事タイム

飼育員さんの仕事はたくさんあるけれど、１日数回の食事タイムはとくに気がはります。腰につけた青い容器にはたくさんのアジ。駆け寄ってくるペンギンたちに１匹ずつ与えていくのですが、引っ込みじあんのペンギンはついつい先を越されて、ごはんにありつけない……。なんていうことがないよう、飼育員さんはどのペンギンが食べたかをその場で記録係に報告。記録係は「〇〇がまだ食べてないよー」と知らせて、空腹のペンギンがいないように努めます。だからすみだ水族館のペンギンたちはいつも幸せ。元気に暮らしていけるのです。

飼育リーダーの芦刈治将さんは、ペンギンたちの日常をカメラに収めています。この本の写真も芦刈さんが撮影。ペンギンとも大の仲よしです。

食事の時間は決まっていませんが、水族館に長くいれば、ペンギンたちが大騒ぎする食事タイムを目撃できます。

## この本に登場したペンギンたち

### バンドカラーで見つけてね

- グレープ
- ヨモギ
- ポテチ
- リンゴ
- アンズ
- ゆず
- カリン
- カクテル
- はなび
- まつり
- はっぴ
- ローズ
- わらび
- ススキ
- バジル
- サワー
- モミジ
- パイン
- イチゴ
- マロン
- バナナ

**Penguin's Sweet Home**

# ペンギンたちの おうちはどこ？

ペンギンのカップルは一緒に暮らし、
夜は寄り添って眠ります。
どこが彼らのスイートホームなのか
ここでご紹介します。
ラブラブなところを目撃できちゃうかも！

〔マロン〕♥〔バナナ〕

安定した愛情で結ばれているマロン×バナナはここ。ぴったりくっついて眠る姿がよく目撃されています。

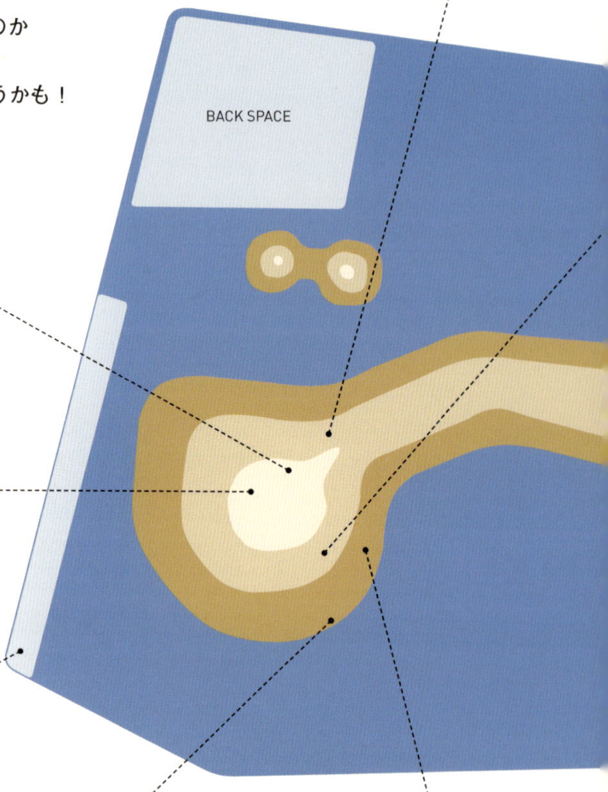

〔まつり〕

人間に恋しちゃったまつりは、岩の上のおうちに。ご近所に住む弟、はなびと仲よし。

〔はなび〕

カリンとカクテルの長男は、姉のまつりのそばに。立ち寝をしていることが多いです。

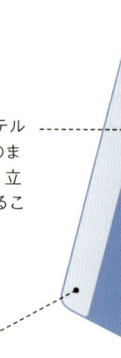

〔はっぴ〕

カリンとカクテルの次男で去年生まれたはっぴは、こんな端っこにひとりでいます。

〔グレープ〕♥〔ヨモギ〕

もっともホットなグレープとヨモギは、一番プールに近い場所に住んでいます。イチャイチャしている姿がきっと見られるはず。

〔アンズ〕&〔ゆず〕

男性同士は、女の子がいなくて気がラクだ～とばかりにここで同居。ときどき、寄り添ってパフォーマンスも。

〔バジル〕

ローズと付き合い始めたわらびを想い続けるバジルは、わらびと離れたところにいます。

〔サワー〕♥〔ススキ〕

失恋して傷心のススキを慰めたサワー。2羽はここで愛を育み中。オラオラ系だったサワーも、最近はすっかりやさしい男に。

〔カリン〕♥〔カクテル〕

すみだ唯一の夫婦ペンギン。子どもが4羽誕生したいまも、ラブラブです。おうちは岩の上。高いところに住んでいます。

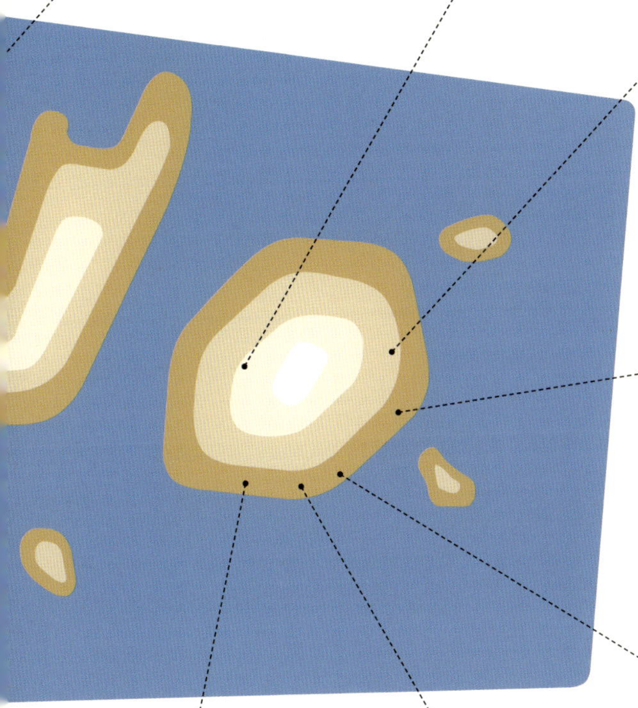

〔ローズ〕♥〔わらび〕

昼メロの主人公、ローズとわらびはここ。夫婦の下に陣取っているのは、先輩にあやかって幸せな暮らしを続けたいから!?

〔ポテチ〕♥〔リンゴ〕

かわいい乙女になったリンゴはここ。年下のポテチと暮らしています。リンゴはすみだ一泳ぐのが速いので、チェックして。

〔パイン〕♥〔イチゴ〕

不思議ちゃんのイチゴと包容力のあるパイン。イチゴのヘンテコな行動、パインの上に乗って眠る姿、眺めてください。

〔モミジ〕

サワーにフラれてしょんぼりのモミジ。元気のない姿を見たら、みなさんの愛で励ましてあげてください。

＊ときどきペンギンたちはバックスペースに入ります。会えなかったらごめんね。

## Information

# すみだ水族館

〒131-0045 東京都墨田区押上1丁目1番2号
スカイツリータウン・ソラマチ5F & 6F
TEL 03・5619・1821（9時～21時、年中無休）

＊入場受付は閉館の1時間前まで。
季節によって変動があります。

アクセス
● 東武スカイツリーライン
「とうきょうスカイツリー」駅すぐ
● 東武スカイツリーライン・東京メトロ半蔵門線・
京成押上線・都営地下鉄浅草線
「押上（スカイツリー前）」駅すぐ

ウェブサイト
http://www.sumida-aquarium.com/
フェイスブック
https://www.facebook.com/Sumida.aquarium.official

年間パスポートは
通常の2回分の料金で
1年間に何回でも入場できます

# EPILOGUE

ペンギンたちの恋物語を本にしようと思ったのは、飼育員さんたちのお話をうかがっていたときでした。「グレープという男の子がクリスマスイヴに好きな女の子に告白したんですよ。ふと気づくとその子が彼女の肩を抱いて、ほんと、幸せそうでした」。ペンギンが好きな子に告白するという行動にも驚きましたが、彼らの細かい行動の変化に気づき、それをあたたかく見守っている飼育員さんたちの深い愛情にもびっくりしました。

この本の写真は飼育員さんの芦刈治将さんが撮影し、ストーリーは小貫さんと田中さんの日々の観察、ユニークな発想やかわいらしい想像がベースになっています。

ペンギンたちが愛を育むすみだ水族館は恋のパラダイス、きょうもどこかで愛をささやいたりケンカをしたり、ほほえましいストーリーが繰り広げられているでしょう。

ラブラブ
パラダイスへ
ようこそ！

SUMIDA AQUARIUM OFFICIAL
PENGUIN PHOTO STORY
すみだ水族館公認 フォトストーリー

# 恋するペンギン

Penguin's
Sweet Love Story

2015年7月15日　第1刷発行

著者　高橋 環
デザイン　西部亜由美
写真　すみだ水族館 芦刈治将
協力　すみだ水族館
印刷・製本　図書印刷株式会社
発行人　平井幸二
発売元　株式会社文踊社
〒220-0011　神奈川県横浜市西区
高島2-3-21 ABEビル４F
TEL 045-450-6011

ISBN978-4-904076-50-7

価格はカバーに表示してあります。

ボクたちに
会いにきてね。